BEI GRIN MACHT SICH IHR WISSEN BEZAHLT

- Wir veröffentlichen Ihre Hausarbeit,
  Bachelor- und Masterarbeit

- Ihr eigenes eBook und Buch -
  weltweit in allen wichtigen Shops

- Verdienen Sie an jedem Verkauf

Jetzt bei www.GRIN.com hochladen
und kostenlos publizieren

Nele Grubelnik

Der Dinopark Münchehagen

GRIN Verlag

Bibliografische Information der Deutschen Nationalbibliothek:

Die Deutsche Bibliothek verzeichnet diese Publikation in der Deutschen National-
bibliografie; detaillierte bibliografische Daten sind im Internet über http://dnb.d-
nb.de/ abrufbar.

Impressum:

Copyright © 2005 GRIN Verlag GmbH
Druck und Bindung: Books on Demand GmbH, Norderstedt Germany
ISBN: 978-3-640-20364-2

Dieses Buch bei GRIN:

http://www.grin.com/de/e-book/46830/der-dinopark-muenchehagen

Der Dinopark Münchehagen

Eine Gradwanderung zwischen Vergnügungspark und geologischem Museum

an der
Universität Paderborn
Fakultät für Kulturwissenschaften

Studiengang Geographie – Tourismus/ Semester 9

Paderborn, 09.11.2005

Inhaltsverzeichnis

1. Vorwort

1.1. „Dinopark" oder „Dinosaurierfreilichtmuseum"?

Über seine Homepage und seinen Flyer wird man in den „Dinopark-Münchehagen" eingeladen. In der offiziellen Kontaktadresse *des jeweiligen Mediums* läuft der „Dinopark" jedoch unter dem Namen und der Kategorie: „Dinosaurierfreilichtmuseum".
Die parallele Nutzung dieser zwei Begriffe spiegelt die doppelte Funktion und gesellschaftliche Bedeutung des Parks wieder. Während der Ausdruck „Dinopark" an Begriffe wie Vergnügungs- oder Freizeitpark erinnert, deutet der Begriff: „Dinosaurier-freilichtmuseum" auf den wissenschaftlichen Hintergrund, auf dessen Basis der Park ins Leben gerufen wurde und auf den museumspädagogischen Auftrag, den er zu erfüllen hat, hin. Um im Folgenden eine eindeutige Sprachwahl zu gewährleisten, werde ich mich weitgehend auf die Verwendung des Begriffs Dinopark Münchehagen (D. M.) beschränken, ohne dieser Begrifflichkeit dabei eine größere Bedeutung beimessen zu wollen.

1.2. Inhalte der Studie

Selbst in Paderborn findet man hin und wieder in einem Imbiss, einer Bar oder einer Tankstelle, zwischen den Flyern von Freizeit- Tier- und Safariparks, das Faltblatt des Dinopark Münchehagen. Angesprochen fühlen sich von diesem Flyer Dinosaurier- und Archäologieinteressierte ebenso, wie Leute auf der Suche nach einem Vergnügungspark.
Welche Erwartungen in dem Park tatsächlich erfüllt werden möchte ich im Folgenden ebenso untersuchen, wie die Hintergründe, weshalb der Park existiert, welche wissenschaftlichen Erfolge sein Team in der Vergangenheit verzeichnet und inwiefern sie heute aktiv sind. Zudem wird die Bedeutung der Region um Münchehagen, sowie das Ausmaß der regionalen Integration zu einer Tourismusregion thematisiert.
Um ein Basiswissen zu generieren, ist den Untersuchungsgegenständen eine kurze geologische Zuordnung des Gebietes rund um Münchehagen vorweggenommen.

2. Geologie; Wissenschaft

2.1. Geologische Zuordnung

Der Dinopark befindet sich am Südwestrand der Rehburger Berge, ca. ein Kilometer nordöstlich von Münchehagen (Stadtteil von Rehburg – Loccum), beim Steinbruch der Firma Wesling. Die Rehburger Berge stellen einen nördlichen Vorläufer des niedersächsischen Berglandes gegen das norddeutsche Flachland dar. Das niedersächsische Bergland ist geologisch durch präquartäre Festgesteine geprägt. In den Rehburger Bergen findet man im Sattelkern weiche oberjurassische Ton- und Mergelsteine, an den Flanken dagegen verwitterungsresistenteren Sandstein aus dem Berrias (Unterkreide). Die Verteilung der harten gegen die weichen Gesteine führte zu einer Reliefumkehr. Die Sandsteine rufen einen schüsselförmigen Höhenrücken hervor, der Sattelkern bildet dagegen eine Senke. Nach Südwesten schließt sich die Schaumburger Unterkreidemulde an den Rehburger Sattel an. In diesem Bereich stehen Tonsteine der höheren Unterkreide an, die zum Teil von quartären Sedimenten verhüllt werden. Auch sonst sind die Rehburger Berge und das Steinhuder Meer von den, für das norddeutsche Flachland typischen, quartären Ablagerungen umgeben.

Die Schaumburger Mulde grenzt im Süden an die Bückeberge, die wiederum von harten Sandsteinen der Bückeberg - Formation hervorgerufen werden. Und noch weiter südlich schließt sich das Wesergebirge mit jurassischen Sedimenten an.

2.2. <u>Von der Entdeckung einer Dinosaurierfährte und der Gründung des Dinoparks</u>

In den oben erwähnten Steinbruch der Firma Wesling wurde im Jahre 1980 die Fährte eines Dinosauriers gefunden. Die Entdeckung der Fährte geschah anlässlich einer Übung der örtlichen Feuerwehr, bei der die Steinbruchsohle freigespült wurde. Dabei wurden auch auf der Sohle befindliche, tiefe Eindrücke, die schon länger bekannt waren, aber bislang nicht weiter beachtet wurden, von ihrer Schlammfüllung befreit.
Nachdem die 1980 international viel beachteten Saurierspuren gefunden und wissenschaftlich untersucht worden sind, wurde klar das sie in mehrfacher Hinsicht einzigartig sind. Saurierfährten sind zwar insbesondere aus Nordamerika schon häufiger bekannt geworden. Aus der Zeit der Unterkreide, wie in Münchehagen, sind jedoch weltweit nur sehr wenige Spuren überliefert.
Von den gleichaltrigen Spuren unterscheiden sich die Dinosaurier-Fußeindrücke von Münchehagen durch ihre große Anzahl, wobei sich die Eindrücke außerdem zu mehreren Fährten ordnen. Und schließlich kennt man weltweit nur äußerst wenige Lokalitäten, an denen die Fährten von pflanzenfressenden und räuberischen Dinosauriern am gleichen Ort zu finden sind. Diese drei Merkmale weisen den Fährten von Münchehagen international einen besonderen Rang zu und haben dazu geführt, sie als Naturdenkmal unter Schutz zu stellen. Der Teil des Steinbruches mit den Saurierspuren wurde gesperrt und im Gründungsjahr 1992 in das Dinosaurier-Freilichtmuseum bzw. in den Dinopark integriert.
Man hatte immer vermutet, dass es noch weitere Spuren im Steinbruch gibt, aber bis 2004 nie etwas gefunden. Dementsprechend groß war dann die Überraschung als der Arbeiter Rainer Wiegmann im angrenzenden, noch bearbeiteten Teile des Steinbruches in Münchehagen dreizehige Abdrücke fand. Diese Abdrücke stammten von Dinosauriern, die kleiner und geologisch jünger als die Urheber der oben beschriebenen Fährte aus der Unterkreide waren. Die nun laufenden Grabungen sind ein Gemeinschaftsprojekt des Landesmuseums Hannover, der Uni Göttingen, der Uni Bremen, der Firma Wesling und des Dinoparks Münchehagen.

2.3. <u>Die Beschreibung der Sauropoden Fährte, Münchehagen</u>

Die Fährte setzt sich über eine Länge von 30 Metern aus 22 Spuren zusammen, die jeweils entweder aus Einzelabdrücken oder der Kombination von Vorder- und Hinterfußabdruck bestehen. Die von Osten nach Westen verlaufende Fährte macht einen leichten nordwärts gerichteten Bogen. Schon aus den Formen der Fußabdrücke lässt sich teilweise deuten, wie der Urheber der Fährte einmal ausgesehen haben müsste. Beispielsweise fällt bei vielen Hinterfußabdrücken der Münchehagener Fährte auf, dass sie an der Spurinnenseite eine größere Eindrucktiefe aufweisen, als auf der Außenseite. Dies kann auf eine schwache nach innen geneigte Stellung der Hinterbeine hindeuten.

Die Schrittweite also der Abstand zwischen zwei Fußabdrücken desselben Fußes variiert zwischen 2,00 und 3,70 m. Der über die ganze Fährte gemittelte Wert beträgt 2,70 m. Die Gangbreite sowohl für die Vorder- als auch für die Hinterbeine reicht von 0,90 bis 1,50 m. Aus dieser Beschreibung kann man Überlegungen zu der Größe des Tieres insgesamt und zu den einzelnen Körperteilen anstellen. Die Rumpflänge des Tieres (hier und im Folgenden der Abstand zwischen Becken und Schultergelenk) kann aus der Fährte nach einer Methode von Soergel (1925) und Abel (1935) überschlagen werden. Diese Methode wurde von Alfred Hendricks (*Alfred Hendricks*, 1980, S. 19) in eigener Untersuchung an einem Elefanten überprüft, wobei gute Annäherungswerte ermittelt wurden. Die Rumpflänge des Erzeugers der Münchehagener Fährte liegt zwischen 2,50 und 3,10 m, bei einem Mittelwert von 2,80 m. Auch die Beinlänge wurde nach Soergel und Abel ermittelt und lag bei einem Wert von ca. 2.90 m. Auf Grund der ermittelten Werte geht man davon aus dass der Urheber der Münchehagener Fährte der Dinosauriergattung *Apatosaurus* angehört. Diese ca. 15 m langen und 5 m hohen Sauropoden verfügen über entsprechend große Schrittweiten und Beinlängen (*Müller*, 1968; *Steel*, 1970; *Haubold und Kuhn*, 1977). Dinosaurier dieser Gattung bewegten sich auf vier Beinen fort, ernährten sich von pflanzlicher Nahrung und lebten in der Zeit der Oberjura und Unterkreide.

Der hier nicht beschriebene zweite Fährtentyp geht auf einen dreizehigen, aufrecht auf seinen Hinterbeinen laufenden Raubdinosaurier zurück.

„Nach mündlicher Überlieferung soll 1952 bei Arbeiten in einem Steinbruch in Münchehagen sogar ein 16 m langes Skelett eines Sauriers freigelegt worden sein. Über dessen Verbleib besteht allerdings völlige Ungewissheit." (*Alfred Hendricks*, 1981, S. 11)

2.4. Bergung von Fossilien aus dem Langenberg-Steinbruch im Harz

Holger Lüdtke, einen Fossiliensammler aus Gifhorn entdeckte am 29. September 1998 im Langenberg-Steinbruch einen Saurierzahn. Es handelte sich um den Zahn eines pflanzenfressenden Dinosauriers (verwandt mit *Brachiosaurus*) und war der Auftakt für weitere spektakuläre Knochenfunde in Oker. Die Saurierknochen stammen aus der Jura-Zeit vor 150 Millionen Jahren. Unmittelbar nach Holger Lüdtkes Fund begann ein Team des Dinosaurier-Freilichtmuseums Münchehagen und sechs ehrenamtliche Helfer mit einer Notbergung der wertvollen Dinosaurier-Überreste. Dank der sehr guten Zusammenarbeit mit dem Steinbruchbesitzer, dauern die Bergungen nunmehr schon fünf Jahre an und die gefundenen Fossilien übertreffen alle Erwartungen der Dinosaurierforscher. Bis zum heutigen Tag konnten über 100 Tonnen knochenführendes Gestein geborgen werden. Es wurden bereits die Überreste von mindestens 10 Langhals-Dinosauriern entdeckt. Das knochenhaltige Gestein, das im Steinbruch geborgen wurde, wird in das Labor im Dinopark in Münchehagen gebracht. Hier wird das Material gesichtet und die Knochen aus dem Gestein freipräpariert.

Durch eine Glasscheibe können die Besucher des Dinoparks den Präparatoren bei ihrer Arbeit zusehen. Die Präparation ist noch am Anfang. Bis jetzt wurden erst 10 % des gefundenen Materials bearbeitet. Normalerweise kommen die freipräparierten Knochen sofort an einen gesicherten Ort. Die Präparatoren des Labors stellen jedoch oft Abgüsse her, die von den Besuchern im Schauraum bewundert werden können.

2.5. Ausstellung Archeopteryx

Nicht gerade um die Ecke aber dennoch ebenfalls in Deutschland befindet sich der angeblich berühmteste Fossilienfundort der Erde. (*vgl. Solnhofen Stone Group, 2005*) Es sind bis zum heutigen Tage nur sieben Funde des fossilen Archeopteryx bekannt, deren Fundorte ausschließlich in der Region Altmühltal liegen. Diesem Vogel wird im Dinopark eine eigene Ausstellung gewährt.
Etwa 6 km südöstlich von Pappenheim, flussabwärts an der Altmühl, liegt die Gemeinde Solnhofen, die als Fundstätte des Urvogels "Archaeopteryx" und aufgrund ihrer Naturstein-Vorkommen weltweite Bekanntheit erlangt hat.
Der Solnhofener Naturstein ist am Ende der Jura-Zeit entstanden, und zählt aus geologischer Sichtweise zu den "Obersten Schichten des weißen Jura". Die Solnhofer Platten gehören mit zu den härtesten Kalksteinen der Erde.
In der späten Jurazeit (vor etwa 152 Millionen Jahren) erstreckte sich das Jurameer über dem heutigen Altmühltal. Das Klima in dieser Region war warm und feucht und die Landschaft war damals von einer Vielzahl an Lagunen gezeichnet. Diese Lagunen wurden nur zeitweise mit frischem Meerwasser versorgt. Durch das Zusammenspiel von Klima und Wasser, kam es zu einer Salzanreicherung und Verringerung des Sauerstoffgehalts in den stillstehenden Gewässern. Die Meeresbewohner, wie Fische, Krebse und Kopffüßler, zu denen auch der Nautilus (bekannt als das Markenzeichen des Altmühltals) gehört, verendeten in den Lagunen. Die zum Grund gesunkenen Tiere wurden Schicht um Schicht mit feinstem Kalk aus dem Wasser, der sich absetzte, bedeckt. Aus diesen Schichten entstanden durch Jahrmillionen die berühmten Solnhofer Platten, in denen noch heute die Tiere der Urzeit als Versteinerungen zu finden sind.
1861 wurde in der Langenaltheimer Haardt bei Solnhofen der erste Urvogel - der Archaeopteryx - freigelegt. Für die Wissenschaft stellt dieser Fund weltweit eine Sensation dar, da der Archaeopteryx das Bindeglied zwischen den Dinosauriern und den heutigen Vögeln darstellt.

3. <u>Regionale Einbindung des Dinopark</u>

3.1. Die Einbindung von Münchehagen in die Stadt Rehburg-Loccum

Die ehemals selbständige Gemeinde Münchehagen ist auf eine Gründung zurückzuführen, die nach der Ansiedlung des Kloster Loccum entstanden ist. Im März 1974 wurde aus ihr, sowie aus den ebenfalls ehemals selbständigen Gemeinden Bad Rehburg, Loccum, Rehburg und

Winzlar auf Grund des Neugliederungsgesetzes im Land Niedersachsen, die Stadt Rehburg-Loccum gebildet. Das Stadtgebiet Rehburg-Loccum umfasst derzeit eine Fläche von 99,99 km^2. Davon nehmen die heutigen Ortsteile Bad Rehburg ca. 1.8 km², Loccum ca. 31 km², Münchehagen ca. 12.5 km², Rehburg ca. 46.5 km² und Winzlar ca. 8 km² ein.
Die Einwohnerzahl betrug im Jahr 2003 insgesamt 10.896, davon in den Ortsteilen:

	2001	**2002**	**2003**
Bad Rehburg	750	727	697
Loccum	3.172	3.186	3.166
Münchehagen	2.052	2.043	2.033
Rehburg	3.834	3.867	3.849
Winzlar	1.159	1.147	1.151

http://www.rehburg-loccum.de/stadtinfo/daten/index.html

Mit rund 11.000 Einwohnern ist Rehburg-Loccum Grundzentrum und übernimmt wichtige Versorgungsfunktionen für die Gemeinden in unmittelbarer Nachbarschaft. Mit knapp über 3.000 sozialversicherungspflichtigen Beschäftigten ist Rehburg-Loccum ein regionales Arbeitsmarktzentrum für das Umland.

3.2. Genaue Lage und Anfahrt

Die Stadt Rehburg-Loccum liegt im südlichen Landkreis Nienburg/Weser in Niedersachsen, knapp 40 km nordwestlich von Hannover entfernt.
Mit dem Auto ist sie über die A 2 (Abfahrt Wunstorf/Luthe) und die Bundesstraßen 441 und 482 (Abfahrt Seelenfeld) zu erreichen.
Nächstgelegene Autobahnanschlussstellen an die BAB 2 sind Wunstorf/Luthe und Porta Westfalica. Beide Anschlussstellen sind von Rehburg aus in ca. 30 Autominuten gut zu erreichen.

3.3. Die touristische Integration der Region

Münchehagen bzw. Rehburg-Loccum profitiert von den Ausstrahlungseffekten der, in der unmittelbaren Umgebung gelegenen Tourismusregion „Steinhuder-Meer".
Neben dem Dino-Park gibt es in Rehburg-Loccum noch eine Vielzahl andere Anziehungspunkte für Besucher, wie das Freizeitbad in Münchehagen, das Kloster Loccum, die „Schwimmenden Wiesen" in Winzlar (Feuchtwiesen, bzw. schwimmende Grasflächen), das Heimatmuseum in Rehburg, der Golfplatz Rehburg-Loccum, das Hallenbad in Rehburg und die historischen Kuranlagen von Bad Rehburg, in denen auch regelmäßig Veranstaltungen wie Musicals, Liederabende und Konzerte, u. v. m. stattfinden.
Um Vorteile aus Verbundeffekten zu ziehen, verfolgt die gesamte Region gemeinsame Vermarktungsstrategien. So haben sie beispielsweise auch einen gemeinsamen Internetauftritt der durchgehend von der 'Kontor3 Werbeagentur", Wunstorf gestaltet wurde.

Mit den „Freizeit Bussen", die rund um das Steinhuder Meer fahren, erreicht man die sämtlichen oben aufgeführten Sehenswürdigkeiten bzw. Freizeit- und Erholungsangebote.
Eine Karte für die Strecke der Busse gibt es auf der Internetseite:
http://www.rehburg-loccum.de/freizeit_tourismus/rehburg_loccum/index.html#Neue_Tarife
Um die Freizeitbusse von Hannover aus zu erreichen hat man die Möglichkeit, mit den Zügen der DB entweder zum Bahnhof nach Neustadt oder Wunstorf zu fahren. Und von dort kann man in die FreizeitBusse 716 und 835 (Nr. 835 ist vom 01.07 bis 31.08 im Einsatz) der RegioBus Hannover GmbH, das nördliche oder das südliche Steinhuder Meer umrunden. Beide Buslinien treffen sich in Bad Rehburg und Münchehagen.
(siehe: *http://www.rehburg-loccum.de/stadtinfo/fahrplanauskunft/regiobus.html*)

Gemeinsam werden auch mehrere Wander- oder Rad-Rundtouren vermarktet. Geworben wird mit historischen Sehenswürdigkeiten, abwechselungsreicher Natur und Freizeitmöglichkeiten. Start und Ziel einer 26,5 km langen „Dino-Tour" befinden sich zum Beispiel in Loccum. Anhaltspunkte die auf der Strecke liegen sind das Dinopark Münchehagen, der Dorfbrunnen Münchehagen, die historischen Kuranlagen Bad Rehburg, die Friederikenkapelle, die Ökologische Schutzstation Steinhuder Meer (ÖSSM), der Dorfplatz Winzlar, die "Schwimmenden Wiesen", das Rathaus und Heimatmuseum Rehburg-Loccum, der Raths-Keller, der Uhrturm, die Düsselburg, das Kloster Loccum und die Luccaburg.
(siehe *http://www.rehburg-loccum.de/freizeit_tourismus/radwandern/dino.html*)

3.4. Das Steinhuder Meer

Das „Steinhuder" Meer hat eine Ausdehnung von etwa acht mal 4,5 km und ist, mit durchschnittlich 1,5 m Tiefe, ein Flachsee. Das Meer wird überwiegend durch Grundwasser gespeist und hat nur einen Abfluss über den „Meerbach" im Westen.
Im Steinhuder Meer befinden sich zwei künstliche Inseln: Die zwischen 1761 und 1765 vom Grafen Wilhelm angelegte Inselfestung und Militärakademie „Wilhelmstein" und die 1975 fertiggestellte „Badeinsel" am Südufer. Gleichzeitig ist das Steinhuder Meer entsprechend der Ramsar-Konvention von 1976 „Feuchtgebiet Internationaler Bedeutung". Die Bundesregierung und das Land Niedersachsen haben damit für den Schutz, die Pflege und die Entwicklung dieses Feuchtgebietes und den Erhalt als Brut- und Rastplatz für Wat- und Wasservögel eine besondere Verpflichtung.
Der Naturpark Steinhuder Meer wurde im Oktober 1974 gegründet. In seiner jetzigen Form besteht er seit 1983. Naturparkpartner sind die Region Hannover sowie die Landkreise Nienburg und Schaumburg.
Träger des Naturparks ist die Region Hannover.
Von der Gesamtfläche des Naturparks stehen über 10 % unter Naturschutz und mehr als 65 % unter Landschaftsschutz. Die Steinhuder Meer-Region ist, auf Grund seiner landschaftlichen Vielfalt verbunden mit dem Anreiz der freien Bademöglichkeit, dem Bootfahren, Segeln und Surfen sowie dem Wandern und Radfahren, ein Erholungsraum von überregionaler Bedeutung. Insbesondere in Steinhude und Mardorf gibt es eine große Auswahl an Ferienhäusern und -wohnungen, Hotels, Campingplätzen, Gästezimmern, Pensionen, etc. . Der Schwerpunkt liegt eindeutig im Kurzzeittourismus mit Besucherzahlen bis zu 50.000 an schönen Wochenenden.

4. <u>Die Funktion des Dinoparks als Vergnügungspark</u>

4.1. <u>Besuch des Dinopark Münchehagen</u> (20. September 2005)

Recht langwierig und umständlich ist die Fahrt von Paderborn. Angekommen kann man kostenfrei, direkt gegenüber vom Dinopark parken. Es sind ausreichend Parkplätze vorhanden.

Bevor man das Eingangsfoyer betritt, kann man sich an einer Infotafel ausführlich über das Angebot des Parks informieren. Die Eintrittspreise liegen bei 8,50 Euro für Erwachsende. Ermäßigungen für bestimmte Besuchergruppen gibt es nicht. Lediglich Kinder zwischen 4 und 12 Jahren kommen 1,50 Euro günstiger herein. Auch bei Gruppen ab 20 Personen gibt es eine Vergünstigung von 1,50 Euro (für Kinder 1,00 Euro). Jahreskarten kosten für Kinder 15,00 und für Erwachsene 20,00 Euro. Hunde dürfen angeleint mit in den Park.

Im Eingangsfoyer befinden sich die Kassen, ein Selbstbedienungsrestaurant, ein Laden mit Dinosauriersouvenirs und ein kleiner Stand der Mineralien und Fossilien verkauft. Verlässt man das Eingangsfoyer befindet sich rechterhand die Kaffeeterrasse und linkerhand, etwas versteckt ein Abenteuerspielplatz. Auf dem einzigen Pfad gelangt man direkt auf den 2,5 km langen Rundweg. Dieser führt ein durch die verschiedenen Zeitalter der Erde, vom Devon bis in das Tertiär. Über 130 Rekonstruktionen von Dinosauriern sind, dem Erdzeitalter entsprechend, in Originalgröße ausgestellt. Beispiele für die ausgestellten Dinosaurier sind: Der Seismosaurus, mit einer Länge von 45 m und einer Höhe von 9 m der größte bisher erforschte Dinosaurier der Welt, der Iguanodon, der Triceratops, der Tyrannosaurusrex und viele Andere mehr. Nachdem man etwa die Hälfte des Rundweges gegangen ist, gelangt man zu der Ausstellung des Archeopteryx, dem ältesten fossilen Vogel der Welt. (dazu unten mehr). Wenige Schritte weiter befindet sich dann das Naturdenkmal Saurierfährten (siehe Überschrift 2.2.). Ein Teil des Denkmals befindet sich unter einer 3500 qm großen Glasschutzhalle. In der Halle sind auch Abdrücke von Schildkrötenpanzern und Krokodilen ausgestellt, die aus dem etwa 30 km weit entfernten Ort Oberkirchen bei Bückeburg stammen. Die zweite Hälfte des Weges führt über die Erdzeitalter Kreide und Tertiär, direkt zu den Ausstellungshallen. Die Ausstellung zeigt zuerst große Schaupräparationen (bewegliche Dinosaurier die man über Hebel und Knöpfe selbst steuern kann) im Weiteren Verlauf werden die (ständig neuen) Ergebnisse der Dinosaurier-Grabung im Harz gezeigt. An dieser Stelle kann man auch den Präparatoren durch eine Glasscheibe bei ihrer Arbeit zusehen. Außerdem wird versucht Rekonstruktionen von bisher unbekannten Sauriern, Flugsauriern und Krokodilen zu erstellen. Gegen Ende gelangt man noch zur Dinosaurierei – Ausstellung. Verlässt man die Ausstellungsräumlichkeiten, gelangt man zur „Mit-Mach-Halle". Angebotene Mit-Mach-Aktivitäten sind: die Fossilienbetrachtung unter einem Mikroskop, ein Wissenstest an einer Dinosaurier-Tastwand, ein großes Dinosaurier-Puzzle und ein Dinosaurier-Zeichentrickfilm. Geht man von hier aus weiter, vorbei an der Kaffeeterrasse, zum Ausgrabungsplatz, kann man sich an der Ausgrabung eines 25 m langen Dinosaurier-Skelettes und an der Schatz- und Fossiliensuche im Sand beteiligen. Vom Ein- bzw. Ausgang gelangt man ebenfalls zum Bergcafé. Zudem sind Kinderspielplätze und Picknickmöglichkeiten vorhanden. Die gesamte Parkanlage ist behindertengerecht aufgebaut.

Die Öffnungszeiten sind zwischen März und Oktober von 09.00 bis 19.00 Uhr und im Januar, Februar und November von 10.00 bis 16.30 Uhr.

4.2. Angesprochene Zielgruppe in Bezug auf die Ausstattung der Freizeitanlage

Der Park ist insbesondere für Kinder ausgelegt, die sich auf einem großen Spielplatz, den teilweise zum Klettern freigestellten Dinos und bei den angebotenen Mit–Mach–Aktivitäten (siehe oben) austoben können. Insbesondere für Erwachsene bzw. Jugendliche ohne Kinder lohnt sich der Park nur dann, wenn man in der Umgebung wohnt bzw. Urlaub macht, oder aber ausgesprochener Dinosaurier – Fan ist. Denn in der Regel durchläuft man den Park, je nach Interesse an den wissenschaftlichen Texttafeln, in 30 Minuten bis zwei Stunden. Dementsprechend unvorteilhaft ist eine längere An- und Rückfahrt. Bezüglich der erwachsenen Dinosaurierfans bzw. wissenschaftlich an der Sache interessierten, könnte es unliebsam scheinen, dass den ausgestellten künstlichen Dinosauriern jener geheimnisvolle, mystische Schrecken der eigenen Vorstellung genommen wird. Auch könnten sie bemängeln, das der wissenschaftliche Aspekt, bei all den vielen kleinen Plüsch- und Kitsch-Souvenirdinosauriern, die bereits im Eingangsfoyer verkauft werden, verloren geht. Doch die große Menge an Informationen über, zum Teil neuesten Befunden der Dinosaurier dürften dies wieder wettmachen. Die erwachsenen bzw. jugendlichen Besucher jedoch, die einen Vergnügungspark suchen und am wissenschaftlichen Aspekt nicht interessiert sind, dürften enttäuscht sein, denn auch die Mit-Mach-Aktivitäten setzen, sofern sie dem Alter entsprechen, ein mehr oder minder großes Interesse an Archäologie bzw. Dinosauriern voraus.
Neben den Schulen, Kindergärten und Familien der Umgebung, ist der Park also jenen Besuchern zu empfehlen, die nahegelegen, beispielsweise am Steinhuder-Meer ihre Ferien verbringen, Kinder haben und/ oder zumindest ein klein wenig Interesse an Dinosauriern mitbringen.

<u>Zu bemängeln</u>
Bei einem Besuch im September 2005, welcher - den Öffnungszeiten nach zu beurteilen ebenso wie der Oktober- noch in die Hauptsaison fällt, waren die Kaffeeterrasse und das Bergcafé leider geschlossen und das Angebot an Mit-Mach–Aktivitäten war sehr eingeschränkt.

4.3. Andere Dinoparks deutschlandweit Preis- Leistungsvergleich

An dieser Stelle sollte darauf hingewiesen werden, das die Nutzung der Begrifflichkeit: „Dinopark" nicht durch Vorgaben bezüglich der Größe; des Dienstleistungsangebots oder den wissenschaftlichen Hintergrundes eingeschränkt ist. Die hier vorgestellten Dinoparkeinrichtungen erfüllen jedoch alle das Kriterium im Außenbereich mehrere, meist originalgetreue Dinosauriermodelle auszustellen.

Vergleicht man deutschlandweit die Eintrittspreise aller, unter der Kategorie Dinopark laufenden Einrichtungen, stellt sich schnell heraus, das die höchsten Preise für den **Dinopark**

Münchehagen vorzufinden sind, dicht gefolgt vom **Dinopark Fürth.** In gleicher Reihenfolge rangiert auch die Größe der Parks.

Der erst im Mai 2004 eröffnete Dinopark Fürth, entspringt dem Modell des Dinopark Münchehagen:

„ (...) der Fossilienfan Ralf Walter (will) schon an Pfingsten einen 22.000 Quadratmeter großen Dinopark eröffnen. Auf die Idee hatten in auf einer Fossilienmesse die Betreiber des größten deutschen Dinoparks in Münchehagen gebracht" (*Volker Dittmar*, 2004, S. 1)

Der Dinopark Fürth ist um einiges kleiner als der D. M. Statt über 130 werden lediglich rund 65 Dinosaurier ausgestellt. Mit-Mach- oder Ausgrabungsaktivitäten vor Ort werden ebenso wenig angeboten, wie die Möglichkeit Präparatoren durch eine Glasscheibe bei ihrer Arbeit zuzusehen. Dafür es gibt wechselnde Sonderschauen in Ausstellungsräumen, Aktionen, wie ein Malwettbewerb für Kinder (die Bilder müssen zwei Wochen nach dem Besuch eingeschickt werden), Führungen am Tage (45 Euro bis zu 30 Personen) und in der Nacht (mit Fackeln; 120 Euro bis zu 30 Personen) und die ausgesprochen günstige Möglichkeit einen Imbiss oder Kaffee und Kuchen zu sich zu nehmen (Kaffee 1 Euro, Gebäck 1 Euro). Die Eintrittspreise liegen bei 4,50 Euro für Kinder von 4 bis 12 Jahren und für Jugendliche ab 13 Jahren und Erwachsene bei 6,00 Euro, die Preise für die Saisonkarten für Kinder 15,00 Euro, Erwachsene 20,00 Euro entsprechen den Preisen in Münchehagen.

Der ausgesprochen kleine **Dinopark des Urwelt-Museum Hauff** in Holzmaden, umfasst lediglich acht lebensgroße Dinosaurier, deren Modelle im Dinopark Münchehagen gebaut wurden. Das Urwelt-Museum Hauff ist auf der Homepage des D. M. verlinkt. Dies wohl weniger auf Grund des kleinen Dinoparks, als viel mehr der Bedeutung der fossilen Fundstätten in und um Holzmaden und der ausgestellten Fossilien im Museum, denn die aus der Jurazeit vor 180 Millionen Jahren stammenden Fossilien sind:
„[…] nirgendwo auf der Welt so zahlreich und so gut [erhalten] wie hier [in Holzmaden] am Fuße der Schwäbischen Alb." (*Michael Bauer*, 2005).
Die Eintrittspreise für das Museum liegen bei 4,50 Euro für Erwachsene, 2,50 für Schüler und Studenten und 1,50 für Kinder ab 3 Jahre. Bei Gruppen ab 20 Personen wird es jeweils 0,50 Euro billiger pro Person.

Der Eintritt in den in der Schweiz befindlichen „**Park im Grünen**" ist bzw. war sogar umsonst. Hier konnte man jedoch lediglich zeitlich begrenzt (vom 21. Mai bis zum 16 Oktober) eine Dinosaurierausstellung besuchen. Sie umfasste immerhin 17 authentische Dinosaurier-Modelle.

5. Fazit

Die Tatsache dass auch Flyer des Dinoparks in weiter abgelegenen Städten, wie Paderborn zu finden sind, lässt darauf schließen dass die Parkverwaltung Interesse daran hat, Bürger aus weiter entfernter Umgebung in den Dinopark zu locken. Um dies betreffend erfolgreich zu sein, müssten sie auch Jugendlichen und Erwachsenen Unterhaltung auf dem Parkgelände gewährleisten, die länger andauert als ein paar wenige Stunden (siehe oben). Ansätze hierfür sind durch die recht große Kaffeeterrasse im Ein- und Ausgangsbereich, sowie ein paar wenige altersgerechte Mit- Mach- Aktivitäten und die Ausgrabung eines Dinosaurierskelettes schon gegeben. Doch möchte die Parkverwaltung, wie vermutet eine breite Masse der Bevölkerung ansprechen, ist das Angebotsspektrum nicht ausreichend. Insbesondere die Angebote im aktiven Bereich sind, auf Grund von zum Beispiel fehlendem Interesse an Archäologie oder körperlicher Leistungsfähigkeit, nicht für jeden geeignet.
Ein paar innovative Ideen und Investitionen könnten aus dem Freilichtmuseum zusätzlich einen anerkannten Vergnügungspark machen. Eine Erweiterung des Angebotsspektrums in dem Bereichen Unterhaltung und Service wären für so ein Projekt jedoch notwendig. Auch eine bessere Betreuung durch Parkmitarbeiter sollte in jenem Fall gewährleistet werden.
Eine Erweiterung im Bereich Verkostung könnte beispielsweise durch mehrere kleine Kioske, Imbiss- oder Eisbuden, sowie ein oder zwei Kaffeeterrassen, auf dem Rundweg vom Devon bis zum Tertär verwirklicht werden. Denn mit einer kleinen Erfrischung auf dem Weg, bleibt dem Besucher das Interesse an Dinosauriern und Texttafeln länger erhalten.
Um den Bezug zum Thema des Dinoparks nicht zu verlieren, könnten die Buden und Kaffeeterrassen Produkte unter dem Motto des jeweiligen Erdzeitalters, in dem sie sich befinden, anbieten. So könnten beispielsweise gewisse Lebensmittel nach bestimmten Dinosauriern benannt werden, etc.
Weitere Möglichkeiten der Erweiterung des Angebotsspektrums wäre die Schaffung eines kleinen Tier- bzw. Vogelparks unter dem Motto: „Dinosaurier damals, Tiere heute", oder eines „Dino-" Labyrinth in dem sich die Besucher über ein längeren Zeitraum verlaufen und, mit etwas Kreativität des Erfinders, auch vor ausgestellten Modelldinosauriern erschrecken könnten. Auch die Darbietung einer sich mehrmals wiederholenden Schau oder eines Theaterstücks (Beispielthema: Urweltmenschen) unter freien Himmel könnten zur Unterhaltung der Besucher beitragen. Sollte genügend Investitionsbudget vorhanden sein, wäre eine Erweiterung des Parks mit Karussells, Achterbahnen, einem Riesenrad, etc. sicherlich die beste Möglichkeit Bevölkerungsteile von weither zu mobilisieren. An diesem Punkt entsteht jedoch die Frage inwiefern der Dinopark, ein Dinopark mit wissenschaftlichem Fundament bleiben soll und wo die Grenze gezogen wird, diesen Ruf für die gesellschaftliche Masse aufzugeben.

Literaturverzeichnis

- Alfred Hendricks: „Die Saurierfährte von Münchehagen bei Rehburg-Loccum (NW-Deutschland). In: Abhandlungen aus dem Landesmuseum für Naturkunde zu Münster in Westfalen. Hrsg.: Prof. Dr. L. Franzisket, Münster, 1981, S. 3-21

- Volker Dittmar, Die Rückkehr der Saurier wird eine Schau. Auf dem Kavierlein öffnet an Pfingsten der Dinopark Fürth seine Pforten – Monströse Rekonstruktionen. In: Fürth Stadt und Land, 05.11.04, S. 1

Weitere Quellen

- Marcel Opitz, Nils Knötschke, letzte Änderung 30.06.2005, http://wald.heim.at/urwald/540645/Index.html

- o. V. http://www.dino-park.de/, 02.09.2005

- Solnhofen Stone Group (Hrsg.), http://www.natursteinindustrie.de/sites/ssg_history.php?page=ssg, 25.09.2005

- Stadt Rehburg Loccum (Hrsg.), 2000, http://www.rehburg-loccum.de/stadtinfo/daten/index.html, 23.09.2005

- Stadt Rehburg Loccum (Hrsg.), 2000, http://www.rehburg-loccum.de/freizeit_tourismus/radwandern/dino.html, 01.10.2005

- Stadt Rehburg Loccum (Hrsg.), 2000, http://www.rehburg-loccum.de/freizeit_tourismus/radwandern/dino.html, 01.10.2005

- WebPire GbR (Hrsg.),08.05.2003, http://www.pappenheimaktiv.com/index.php?site=Natur&id=4&lw=0&title=Von%20Urv%C3%B6geln%20und%20Steinplatten, 22.09.2005